GUÉRISON

DE LA

VIGNE MALADE

PAR UN NOUVEAU MODE

DE CULTURE.

PARIS. — IMPRIMERIE DE PAUL DUPONT, RUE DE GRENELLE SAINT-HONORÉ, 45

GUÉRISON

DE LA

VIGNE MALADE

PAR UN NOUVEAU MODE DE CULTURE.

PAR L'ABBÉ J.-B. DELPY,

Ancien Administrateur de Grand-Séminaire,
Membre du Comice agricole de Sarlat.

Dieu qui se sert de la nature pour châtier les hommes ne défend pas de chercher dans le même ordre les remèdes auxquels il a donné lui-même la puissance de lever l'anathème.

A PARIS,
CHEZ LES PRINCIPAUX LIBRAIRES.
A GRENELLE,
CHEZ L'AUTEUR, RUE VIOLET, 57.
INSTITUTION NORMANDE

1853

I.

La maladie dont le raisin est atteint depuis quelques années, sévit sur la récolte pendante avec une force que nous ne lui avions pas reconnue jusqu'ici.

D'après la dernière statistique, la totalité des vignes cultivées en France couvre une surface de deux millions deux cent mille hectares, et elle produit une récolte annuelle dont la valeur n'est pas inférieure à sept cent millions de francs. Les deux millions quatre cent soixante-huit mille familles qui cultivent cette portion importante de notre sol, déjà obérées par le poids des impôts de tous genres qui pèsent sur elles, seraient exposées à une ruine complète si l'on ne pouvait parvenir à arrêter le fléau. Aussi ne sommes-nous pas étonnés que les Conseils généraux de l'Hérault, de l'Aube, des Bouches-du-Rhône et d'autres encore, aient cherché à réveiller la sollicitude du Gouvernement, et l'aient invité à accorder une récompense à celui qui découvrira un remède à la maladie à laquelle le révérend M. G. Berckley a donné le nom d'oïdium Tuckeri (1).

(1) On sait que les conseils généraux dont nous venons de parler ont proposé au Gouvernement d'établir un prix dont la valeur ne serait pas inférieure à un million de francs pour celui qui trouverait un moyen efficace d'éloigner la maladie du raisin.

En présence d'un danger qui aurait, s'il n'était pas donné aux hommes de le conjurer, les effets les plus désastreux, il est du devoir de ceux qui ont suivi pas à pas la marche du fléau, de faire connaître les résultats de leurs observations. Ce devoir devient plus impérieux encore s'ils ont eu le bonheur de rencontrer un remède dont l'efficacité, démontrée par l'expérience, ne peut être aujourd'hui l'objet du moindre doute.

Nous croyons avoir trouvé ce remède et nous nous empressons de lui donner la plus grande publicité.

Après avoir déduit les raisons scientifiques qui nous ont guidés dans nos recherches, nous exposerons d'une manière très-simple et très-claire les moyens à employer. Nous nous efforcerons de mettre notre langage, dans cette partie de notre travail, à la portée des viticulteurs et de tous les habitants de nos campagnes, et nous aurons soin de la dégager des mots scientifiques étrangers à la plus grande partie de notre population agricole.

La conviction profonde que nous avons de l'efficacité de ce remède et les résultats certains que nous en avons obtenus nous font vivement désirer que l'écrit que nous publions se répande rapidement. Nous voudrions le voir entre les mains de tous les viticulteurs. Qu'ils s'empressent de le lire. Ils apprendront à connaître le mal, sa nature, sa cause et son remède. Nous osons dire, sans crainte d'être démentis par les faits, que le fléau qui sévit chaque année avec plus d'intensité, disparaîtra rapidement, si chaque viticulteur se pénètre bien de nos conseils et se détermine à pratiquer exactement les procédés de culture et les remèdes que nous allons lui indiquer. Il doit s'y décider avec d'autant plus de raison que les sacrifices, si toutefois il y en a à faire, seront amplement compensés par un excédant de récolte.

II.

EXAMEN DES REMÈDES INDIQUÉS JUSQU'A PRÉSENT.

Des hommes savants et consciencieux ont indiqué des remèdes reproduits par différents journaux, soit de Paris, soit des départements. Malgré le respect que nous inspire leur autorité, nous serons obligés de les combattre.

Les uns ont cru pouvoir arrêter le mal par des aspersions ou des lavages faits avec de la lessive composée à froid, ou de l'eau saturée de cendres, de chaux, de sulfate de fer ou de sel.

D'autres ont prescrit de couvrir le raisin de soufre, de chaux ou de plâtre en poudre. On a même inventé un soufflet particulier pour l'application de ce remède.

Quelques-uns ont proposé de supprimer la culture des raisins en serres chaudes.

Enfin, on a cru indiquer un moyen efficace en prescrivant de promener des feux entre les rayons de la vigne.

Il est évident que ces remèdes ne peuvent atteindre que l'extérieur du raisin ou de l'arbuste qui le produit. Ils ne peuvent agir que sur la pellicule qui enveloppe le grain. L'ablution ou les lavages faits à l'extérieur à l'aide d'une pompe à main, de même que la chaleur portée autour de la vigne, sont, nous en sommes convaincus, parfaitement inutiles.

Sans doute, les substances employées dans ces divers procédés, la chaux, la cendre et surtout le sulfate de fer, peuvent contribuer à combattre le mal. Nous verrons plus tard à quelles conditions nécessaires est attachée leur efficacité. Pour le moment il nous suffit de montrer que, sous forme de lavage, elles ne peuvent avoir qu'un effet analogue à celui que produirait la propreté entretenue sur un individu atteint d'une maladie de nerfs, ou d'un ramollissement de la moelle épinière, ou de toute autre maladie interne.

Nous avons encore à examiner un procédé employé par un propriétaire de Montrouge et qui a été l'objet d'un rapport de M. le secrétaire de la Société centrale d'agriculture. Voici comment le journal le *Siècle*, n° du 9 septembre 1853, en a rendu compte :

« Un nouveau procédé vient d'être trouvé

« pour guérir la maladie du raisin. Il est « simple, expéditif et économique. Il consiste « dans le couchage sur la terre des sarments « qui portent les grappes de raisin. C'est un « propriétaire de Montrouge qui a trouvé ce « procédé, et la Société centrale d'agricul- « ture s'est empressée de nommer une com- « mission qui s'est rendue sur les lieux pour « examiner et constater les faits. Or, il ré- « sulte de la communication, qui vient d'être « faite par l'un des membres de la commis- « sion, que l'épreuve qui dure depuis trois « années dans la vigne de M. Robinet, « propriétaire à Montrouge, sur une étendue « d'un hectare environ, ne laisse plus aucun « doute sur l'efficacité de ce procédé.

« La vigne examinée pied à pied a con- « stamment montré le même résultat. Tout « ce qui touche la terre ou en est très-rap- « proché, ou couché dans l'herbe, est parfai- « tement sain. Au contraire, la partie supé-

« rieure des mêmes ceps, ce qu'il n'a pas été « possible de coucher, et ce qu'on a laissé à « dessein à l'air, est profondément altéré et « perdu.

« En principe donc, d'après l'expérience « faite à Montrouge, plus les raisins seraient « près de la terre, et plus sûrement ils se- « raient préservés. Quand la maladie n'est « pas très-avancée, dit en outre M. Robinet, « elle disparaît complétement et le raisin « se développe comme à l'ordinaire. Seule- « ment, quand le raisin commence à tourner, « on le relève légèrement pour favoriser la « maturation. Il serait encore temps aujour- « d'hui d'appliquer ce procédé dans beau- « coup de localités, et d'éviter ainsi la perte « d'une grande quantité de raisins. Dans « tous les cas on ne saurait trop encourager « les vignerons à faire cette épreuve si simple « et si peu coûteuse dès les premiers symp- « tômes de la maladie. »

Si Messieurs les membres de la Société centrale d'agriculture désiraient poursuivre leurs recherches, je les prierais de vouloir bien se rendre dans le jardin de la maison que j'habite. Ils verraient différents pieds de vigne dont les raisins posent sur le sol ou pendent à des hauteurs diverses. Je leur en montrerais aussi traversant des touffes d'herbes plus au moins développées. Le raisin est d'autant plus frappé qu'il est plus entouré de plantes, tels que chiendents, orties, chicorées, plantains, etc. Là des raisins touchent la terre ; d'autres sont soutenus par l'herbage ou la vigueur propre de la branche : pas un seul n'a été préservé. Au contraire, ils sont d'autant plus fortement attaqués que le pied a été plus négligé et laissé, pour la direction qu'il a prise, à sa nature propre.

Si quelques-uns des raisins examinés dans la vigne de Montrouge ne sont pas malades, la cause exceptionnelle de l'absence de la maladie réside tout entière dans l'appui qu'avait le raisin, soit directement par sa position, s'il touchait le sol, soit par les mains ou vrilles qui soutenaient la branche attachée sans doute et solidement fixée à l'herbe qui l'entourait et qui soutenait aussi le raisin. Cette position du raisin diminuait le poids de la grappe sur son pédoncule, et arrêtait l'agitation causée par le vent. Le fait suivant va le démontrer.

J'ai sous les yeux une treille tellement chargée de raisins que, par l'effet du poids de ces derniers, et surtout par la négligence du jardinier, elle s'est détachée du mur auquel elle était accolée et qu'elle tapissait. Par suite de cet accident qui a changé la disposition qu'avait précédemment la treille et la direction prise par les fruits, plusieurs grappes ont eu la partie inférieure tournée en haut, d'autres horizontalement couchée, les unes et les autres étant soutenues dans ces positions diverses par les pédoncules des feuilles, ou par les branches, ou par des lattes entrelacées. Eh bien ! nous attestons que pas un des raisins ainsi renversés et soutenus n'est malade, tandis que ceux qui pendent dans la position ordinaire sont mortellement frappés. Et cependant les grappes malades et celles qui ont été préservées sont venues sur la même branche et appartiennent à la même tige. Nous en concluons que si le raisin n'est pas malade, ce n'est pas parce qu'il est plus ou moins rapproché de la terre ou éloigné de l'air libre, mais uniquement parce qu'il ne pèse pas sur son pédoncule et qu'il ne le fatigue pas par son poids ou par le mouvement que le vent lui imprime.

Cela est si vrai, que les raisins malades tiennent à peine à la branche qui les porte; il en est de même des vrilles ou cirrhes qui sont, comme on le sait, des productions filamenteuses composées des mêmes vaisseaux et de la même contexture fibro-ligneuse que les pédoncules, puisque l'expérience démontre qu'on peut les mettre à fruit en retranchant près de son origine la branche la plus petite. Or, dans les treilles ou vignes malades, les vrilles sont également atteintes, ligneuses et séchées. On touche à peine ces dernières au point où elles sont soudées à la branche, qu'elles s'en séparent immédiatement. Le même phénomène s'observe sur le pédoncule ; il semble ne tenir qu'à l'épiderme comme l'épine d'un rosier et ne pas être un prolongement de la tige ou de la branche qui l'a produit. Aussi l'enlève-t-on facilement sans déchirer son support.

Les vaisseaux ligneux que la nature a multipliés dans cette partie du bois de l'arbuste ont disparu ; l'étui médullaire, après des développements successifs, a fini par tout envahir. La constitution du pédoncule est tellement altérée que si on le plie, surtout au-dessous du nœud, quand il n'est pas complétement desséché, il se rompt brusquement à peu près comme une tringle d'acier trempé, ou comme une baguette de bois sec.

Nous expliquerons plus tard la raison de cet état anormal ; mais le fait suffit à lui seul pour démontrer que la maladie ne tient pas à une cause que l'on puisse atteindre par des moyens externes. Par conséquent, les lavages, les arrosages, la poussière de soufre, de plâtre ou de chaux répandue sur la vigne, les feux promenés entre les ceps, le couchage des branches et tous les procédés de ce genre, qui fatiguent vainement l'attention du public, ne prouvent qu'une chose, c'est que la nature de la maladie de la vigne a été jusqu'ici complétement ignorée.

L'agriculture qui fait la richesse et le bien-être des nations n'a pas encore les caractères d'une science positive, puisant dans l'observation des faits et dans les lois générales de la création, sa puissance et sa fécondité. L'action réciproque des éléments au sein desquels la plante puise le principe de son existence et de son développement, et les modifications que la plante à son tour fait subir à ces mêmes éléments ne sont qu'imparfaitement connus. Jusqu'à ce que la chimie agricole et la physiologie végétale soient parvenues à saisir l'ensemble de ces lois mystérieuses, nous serons réduits à feuilleter le livre de la nature, à constater des faits et à nous tenir étonnés devant l'impossibilité d'en assigner les causes. Telle est notre situation en face du fléau.

La maladie de la vigne a sévi sur la plupart des pays viticoles. Depuis cinq ans déjà elle nous menace, et enfin, cette année, elle semble vouloir nous rendre victimes de toutes ses fureurs. Tous, savants et ignorants, se sont étonnés de ses ravages, et quoiqu'elle ait été l'objet de l'attention et des études d'un grand nombre de personnes, nous n'en connaissons encore ni la cause ni la nature. Rien ne prouve mieux l'erreur générale que le nom bizarre et complétement faux qui a été donné à ce fléau et accepté, chose étrange! par toute l'Europe. A coup sûr, nos petits neveux, héritiers des progrès des sciences et par conséquent mieux éclairés que nous, ne pourront s'empêcher de sourire lorsqu'ils apprendront qu'une Société savante de ce siècle a promis des prix d'encouragement à ceux qui auront fait la découverte :

1° D'un moyen de semer à volonté l'oïdium ou de l'inoculer ;

2° Des conditions d'hibernation propres à l'oïdium.

Mettre à l'étude de pareilles questions suppose évidemment que ce qu'on a appelé, nous ne savons pourquoi, oïdium, est un végétal, une plante que l'on peut semer, faire naître, multiplier et cultiver à volonté. On ne serait pas tombé dans cette erreur radicale, si l'on eût exactement étudié et analysé le mal et si l'on eût fait cette observation, que les conditions rigoureusement nécessaires à la vie de toute plante ne se rencontrent pas dans l'oïdium et que, par conséquent, l'existence de cette plante imaginaire est absolument impossible.

III.

NATURE DU MAL.

Le phénomène observé sur le raisin malade est l'effet d'une transsudation à travers les pores de la pellicule du grain d'une partie de la substance raisineuse.

Les sucs de la plante, au moment où ils arrivent dans le grain, n'étant pas convenablement élaborés par l'effet de causes diverses que nous expliquerons plus tard, se combinent imparfaitement. Ce travail de la nature étant incomplet, une partie de la substance séveuse n'est pas assimilée. Alors la force de végétation, qui subsiste même dans l'état de maladie, la rejette au dehors : elle transsude à travers les pores de la pellicule et, comme tous les sucs des végétaux dont l'altération et la transformation sont faciles et promptes, quand ils sont soumis à l'action de l'air et qu'ils reposent sur une base humide, elle se dessèche, se durcit et forme à l'extérieur du grain ces couches ou taches diverses plus ou moins grandes qui constituent non pas le mal lui même, mais un de ses caractères les plus apparents.

M. Berckley a eu le talent de créer un nom (*oïdium Tuckeri*) aujourd'hui universellement accepté; mais ce nom singulier n'exprime ni le phénomène, ni la nature, ni la cause du mal. Si l'on veut absolument donner un nom à la maladie de la vigne par un des symptômes qui la caractérisent, il conviendrait de l'appeler oxygénation, oxydation, ou lignification du raisin.

En effet, la substance transsudée est composée, après sa solidification, des mêmes éléments chimiques que ceux qui constituent l'enveloppe d'une branche de vigne arrivée à l'état complet de formation. Elle n'en diffère pas par la couleur : elle est de même insapide. L'une et l'autre étant soumises à l'action du feu produisent la même odeur et fournissent, après la combustion ou la décomposition opérée par les réactifs, un résidu parfaitement identique. Il est, du reste, facile d'en faire l'expérience. Le produit desséché de la transsudation du raisin se détache aisément de la peau à laquelle il est fixé. On l'enlève avec l'ongle, ou une lame de canif. La séparation est encore plus prompte lorsqu'on chauffe à la flamme d'une bougie le grain que l'on veut dépouiller.

Nous avons dû nous servir, pour cette comparaison, de la première écorce d'une branche de l'année dernière. Nous considérons la tache du raisin malade comme une pellicule ligneuse complétement formée : nous devions donc, pour nous assurer de la parfaite identité de ces deux substances, comparer la première avec une pellicule de bois également arrivée à son développement parfait. Nous avons eu soin aussi, pour que notre expérience fût exacte, de saisir le moment où la transsudation du raisin déjà lignifiée n'était pas encore recouverte de moisissure.

On sait qu'il se présente dans la nature organique des altérations assez fréquentes qui sont dues à l'influence de l'air. Elles sont, dit Liebig, l'effet d'une combinaison lente de leurs éléments avec l'oxygène. C'est à cette classe de décomposition qu'appartiennent la transformation du bois, la nitrification et plusieurs autres phénomènes. La sciure de bois humide, quand elle est mise en contact avec l'air, subit une altération progressive, qui est rendue manifeste par le changement de couleur.

La croûte qui se forme sur le grain de raisin, et qui est, comme nous l'avons observée, une substance ligneuse, n'est pas d'abord altérée ; mais elle ne tarde pas à absorber une quantité d'oxygène en rapport avec son volume, et c'est alors qu'a lieu sa décomposition ; et, à la suite de cette altération, survient la mousse blanche que l'on remarque sur la partie attaquée du grain, et qui n'est qu'une véritable moisissure. La décomposition de la substance lignifiée a lieu, d'autant plus facilement, que la quantité de liquide aqueux qui l'a produite est constamment entretenue par le grain sur lequel elle repose.

C'est cette moisissure qui a été prise pour un végétal, et qu'on a nommée oïdium.

Mais il est facile de la comparer avec toute autre moisissure recueillie sur une substance en état de décomposition, et de s'assurer qu'elle n'en diffère nullement. Tout le monde peut répéter l'expérience que nous avons faite et que nous allons décrire. Nous avons recueilli l'efflorescence blanche d'un raisin malade et la moisissure d'une malle de voyage en cuir, oubliée dans un endroit humide. Nous les avons d'abord placées sous un puissant microscope : elles nous ont présenté absolument le même caractère. Seulement, la mousse prise sur le cuir humide contenait des corpuscules hétérogènes ; mais nous avons jugé de suite qu'ils ne pouvaient être autre chose que les atomes soulevés par la marche ou par le balai dans la chambre où la malle était déposée. Nous avons continué cette analyse, et nous avons toujours obtenu le même résultat. La moisissure de la malle en cuir et l'efflorescence blanche du raisin ont la même odeur et la même saveur. Elles se décomposent de la même manière par la combustion : elles fournissent le même résidu jaune quand elles sont exposées au feu avec de l'acide nitrique, et le même précipité noir quand elles sont chauffées avec de l'acide sulfurique.

Cette expérience suffit pour prouver que l'oïdium n'est pas une plante qui puisse se reproduire d'une manière connue ou inconnue : c'est un accident semblable à celui qui atteint un certain nombre de fruits pulpeux, principalement les poires, et qui leur a fait donner le nom de fruits noués. Ceux qui sont frappés de ce mal se couvrent, à l'endroit atteint, d'une croûte ligneuse tout à fait semblable à celle que l'on remarque sur le raisin : nous disons semblable, et non identique, parce que la différence qui existe entre les éléments constitutifs de ces fruits divers doit se produire également dans le phénomène que nous examinons.

Au reste, l'efflorescence qui se manifeste sur le raisin n'est qu'un des symptômes du mal qui atteint la vigne. Le trouble de la végétation est répandu dans toute la plante. Ce n'est pas seulement le fruit qui est attaqué. Les feuilles le sont également, quoique un peu plus tard et avec moins d'intensité. Ainsi, à l'époque de l'année où nous sommes, elles sont tachées, oxydées et recouvertes, sur la partie attaquée, d'une substance semblable à de la poussière de route, qui n'est, en réalité, qu'une moisissure d'une nature parfaitement identique à celle du raisin.

Puisque nous analysons tous les caractères de la maladie de la vigne, nous ne devons pas omettre l'incertitude qui règne sur l'époque de son apparition. Le fléau frappe le raisin à tous les âges de son développement. Il arrive que des grappes sont déjà attaquées lorsqu'elles ont à peine atteint le quart ou le tiers de leur grosseur ordinaire ; d'autres le sont plus tard. Le moment où nous écrivons est près de l'époque où se fait ordinairement, dans le midi et le centre de la France, la récolte du raisin. Eh bien! en ce moment même, le mal se développe et atteint des plants de vignes qu'il semblait vouloir épargner jusqu'ici.

On a dit que la maladie de la vigne était contagieuse. Nous avons entendu un homme savant et distingué affirmer que l'oïdium pouvait se propager, non-seulement sur les plants voisins de la vigne attaquée, mais encore sur des plantes de nature différente. Il appuyait cette thèse sur le fait suivant : il avait, disait-il, dans son jardin, un pied de tomate planté dans le voisinage d'une vigne atteinte du mal, et d'autres plus éloignés : ceux-ci étaient sains, celui-là malade. Il en tirait cette conséquence que le plant attaqué avait subi la même contagion. Mais ce raisonnement tombe devant un fait incontestable : c'est que sur le même pied de vigne il arrive que des raisins gâtés se trouvent à côté d'autres exempts du mal. Nous connaissons une treille qui recouvre un pignon d'église et qui encadre une porte de sacristie qu'on n'ouvre jamais. Nous en connaissons une autre dont une partie est appuyée sur un bandeau qui sépare le premier étage de l'étage supérieur. Eh bien! les raisins de la première treille qui entourent la porte de la sacristie, et ceux de la seconde qui reposent sur le ruban ou le bandeau, sont parfaitement sains, tandis que les autres sont couverts de la lèpre. Or, si le mal était contagieux, comment les deux treilles dont nous venons de parler pourraient-elles porter en même temps des raisins attaqués à côté d'autres parfaitement sains?

Tous les raisins de la première treille qui sont placés sous le courant d'air modifié par l'air chaud de l'église s'échappant de la porte mal jointe de la sacristie ; tous ceux de la seconde qui sont exposés au courant d'air que forme la bande en pierre de taille qui soutient les raisins de la treille sont également préservés. Ils sont pourtant les uns à côté, les autres au-dessus ou au-dessous des raisins malades, et, certainement, la semence ou le pollen de la plante parasite, si cette plante existait véritablement, pouvait facilement les atteindre.

Il faut donc ranger cette opinion parmi les hypothèses aventurées que font surgir tous les faits extraordinaires. De même que le cryptogame nommé oïdium Tuckeri est une plante imaginaire et impossible, une chimère de la science, la contagion est un fantôme qui n'a aucune réalité.

Il est vrai que la maladie de la vigne est un fait qui a un caractère général. Toute une partie du règne végétal est atteinte de la même manière. Ainsi, les plantes qui mettent en mouvement une certaine quantité de fluide aqueux, telles que haricots, tomates, sont sujettes à la même maladie que la vigne, quoique le mal se produise sur chacune d'elles selon leurs natures différentes. Mais ce fait général n'a certainement pas pour cause l'oïdium, dont les inventeurs ont borné, nous ne savons pourquoi, l'influence désastreuse à la vigne.

IV.

CAUSE DU MAL.

Il résulte de l'analyse que nous venons de faire de la maladie de la vigne :

1° Que le phénomène qui a reçu le nom d'oïdium est une substance transsudée d'abord, lignifiée et d'un jaune rougeâtre, et dont l'altération amène ensuite une efflorescence blanche vulgairement appelée moisissure ;

2° Que le mal n'est pas contagieux;

3° Que ce qu'on nomme oïdium n'est pas, comme on le croit généralement, la cause de la maladie, mais bien son caractère et son symptôme le plus apparent.

La plupart des faits que nous avons observés; le caractère général de la maladie qui semble frapper toute une partie du règne végétal; l'incertitude qui règne sur l'époque de l'invasion du fléau; la faculté de la vigne malade de porter des fruits sains à côté d'autres qui ne le sont pas, nous paraissent déjà des preuves évidentes que la cause du mal est étrangère à la plante même.

Quant à nous, nous n'hésitons pas à dire que cette cause, vainement cherchée jusqu'ici, réside uniquement dans la perturbation du climat de l'Europe.

Autrefois, et cette époque est encore très-présente à notre souvenir, l'hiver, le printemps, l'été, l'automne pouvaient être facilement distingués par les différences de température qui les caractérisent. Le froid et la chaleur parcouraient des phases régulières. Aujourd'hui, il n'en est plus de même. Cette année, par exemple, les mois de mars, d'avril, de mai et même de juin ont été, sinon aussi froids, du moins tout aussi humides que les mois précédents. Depuis, nous n'avons pas eu de chaleur soutenue. Le mois de septembre, arrivé à la moitié de son cours, nous a donné de belles journées ; mais les matinées et les soirées semblent appartenir aux journées les plus reculées de l'automne. La température, suffisamment élevée vers midi, est glaciale vers le soir et surtout le matin ; et ainsi, notre atmosphère, autrefois si tempérée et si régulière dans les phases de ses saisons, a perdu ce caractère et s'est rapprochée des climats excessifs de l'Afrique.

Mais ce qui nous frappe surtout, ce qui nous semble un changement anormal et particulièrement nuisible, c'est la quantité de brouillards humides, épais et glacés qui nagent dans l'atmosphère et qui dérobent presque habituellement les plantes à l'action salutaire et indispensable des rayons du soleil. Si l'on joint à cela les brusques changements de température devenus très-fréquents, on ne pourra s'empêcher de reconnaître que l'ordre des saisons est renversé et, pour ainsi dire, confondu.

Cette révolution du climat de l'Europe a été l'objet de l'attention et des investigations des savants. On a cherché à l'expliquer de différentes manières. Les uns ont prétendu que de tels changements sont périodiques; d'autres qu'ils arrivent ordinairement à l'approche de l'apparition des comètes; d'autres enfin les ont attribués à une déviation de l'axe de la terre.

Ce n'est pas notre tâche d'examiner la valeur de ces divers systèmes : nous n'entreprendrons pas d'en faire la critique ; mais qu'il nous soit permis de dire en passant que le dernier ne semble pas moins absurde qu'impie.

L'œuvre de Dieu, bien différente de celle des hommes, n'est pas exposée à des changements et à des désordres capables d'en compromettre la destination. L'Écriture sainte nous apprend qu'après l'avoir créée et coordonnée dans toutes ses parties, il se plut à la contempler dans son unité et il en arrêta la marche et l'ensemble. Elle exprime l'approbation qu'il se donna à lui-même, par ces simples et magnifiques paroles : « *Et* « *Dieu vit toutes ses œuvres, et elles étaient* « *très-bonnes.* »

Jusqu'à ce que le moment de sa destruction, fixé par les décrets divins, soit arrivé, nous pouvons être assuré que le monde subsiste par des lois certaines et immuables. Nous devons donc nous reposer avec assurance, sur la volonté du Créateur qui soutient, au-dessus du néant, l'œuvre de ses mains. Sans doute, il ne la laissera pas tomber dans l'abîme d'où il l'a tirée. Notre orgueilleuse raison cherche en vain à isoler le monde sur l'équilibre de ses propres lois et à le séparer de l'action créatrice. Son existence repose sur la bonté de Dieu. Cessons donc toute inquiétude impie et insensée, et contentons-nous de payer au Créateur et au conservateur des mondes le juste tribut d'adoration et de reconnaissance que nous lui devons.

Ces hypothèses bizarres prouvent du moins la réalité du fait qu'elles sont destinées à expliquer : nous hasarderons, à notre tour, notre manière de voir.

Nous attribuons la révolution récente du climat de l'Europe aux immenses conducteurs du fluide magnétique et du fluide électrique qu'on a établis et qu'on fixe encore presque partout. Ces appareils gigantesques, placés au-dessus et au-dessous du sol, outre la vertu qui leur est propre, ont l'inconvénient grave de faire disparaître, en quelque sorte, les montagnes, les élévations rocheuses et tous les accidents de terrain que la nature a établis en guise de barrières et de brisants pour arrêter la violence des vents et modérer l'agitation de l'atmosphère.

Les immenses vallées qu'ils ouvrent laissent un libre accès aux vents et établissent des courants qui bouleversent et confondent toutes les températures. Il en résulte que les climats différents, ménagés par la nature pour chaque plante et appropriés à sa constitution spéciale, n'existent plus. Et la végétation, privée des abris qui la protégeaient, se trouve soumise à des conditions plus difficiles, qui exigent, de la part de l'agriculteur, des soins plus attentifs.

Nous n'insisterons pas sur cette explication, que nous ne prétendons nullement imposer à nos lecteurs. Notre but principal est de montrer la convenance des remèdes que nous proposons et toutes les considérations préliminaires sur lesquelles nous nous étendons, peut-être un peu trop, n'ont pas d'autre motif.

Nous nous abstiendrons donc de montrer par le témoignage de l'histoire, que l'homme a vraiment cette puissance qui paraît extraordinaire de modifier son climat par l'action qu'il lui est donné d'exercer sur la terre. Mais nous ne pouvons nous empêcher de répondre à une objection que nous pressentons et que nous voyons d'avance dans l'esprit de nos lecteurs. Quelques-uns d'entre eux se diront probablement : Comment se fait-il que les chemins de fer et les télégraphes électriques aient apporté dans la composition et l'action de l'atmosphère des modifications telles que les fruits de la terre et les raisins entre autres en soient atteints, puisqu'il est avéré que la maladie du raisin a pris naissance dans des pays où ces inventions nouvelles n'ont pas encore été appliquées ou du moins n'ont reçu qu'une application très-restreinte? Voici la réponse que nous adressons d'avance aux personnes qui seraient tentées de nous faire cette objection. Telle est la force avec laquelle le vent pousse les nuages dans le champ immense des cieux; telle est la rapidité avec laquelle se meut la substance invisible et ténue qui nous enveloppe de toutes parts, que le mouvement qui lui est imprimé, sur un point, a des contre-coups presque instantanés à des distances infinies. Par conséquent, il faut bien se garder de croire que les courants d'air créés en Europe et en Amérique par les chemins de fer et l'action physico-chimique des télégraphes électriques bornent leur influence au point où ces appareils finissent.

Cette influence devient, dans l'atmosphère, une cause de modifications qui n'ont pas de limites.

Le cadre que nous nous sommes tracé ne nous permet pas de nous arrêter sur ce sujet important; mais peut-être nous y reviendrons un jour, et alors nous dirons pourquoi et comment ces immenses appareils de locomotion et ces vastes conducteurs de fluides magnétiques et électriques agissent sur les éléments de l'air et changent la température en modifiant radicalement le climat.

Quoi qu'il en soit de ces conjectures, si la raison de cette révolution climatérique est encore incertaine, le fait lui-même est incontesté. Il est, nous en sommes convaincus, l'unique cause de la maladie de la vigne. Les moyens de culture que nous avons employés ont été exécutés dans cette hypothèse. Ils étaient destinés à mettre la plante en état de lutter contre le changement de l'atmosphère, et les succès décisifs que nous en avons obtenus ont fortifié notre conviction.

Mais comment agit cette cause? Quelle est son action physique ou chimique sur la vigne et les autres plantes qui sont également attaquées? Nous avons fait de longues recherches en matière de chimie agricole et de physiologie végétale, pour connaître la nature des aliments des végétaux, leur mode de nutrition, la direction de leurs axes et leur fécondation. Les ouvrages des auteurs les plus habiles ont passé entre nos mains; mais nous n'y avons trouvé que des systèmes contradictoires, et nous y avons vainement cherché des principes qui puissent nous conduire à l'explication du phénomène qui nous occupe.

Les savants qui se sont occupés de la vie des plantes prétendent qu'elles puisent leur nourriture dans deux milieux différents, le sol et l'atmosphère. S'il nous était permis de dire notre pensée sur ce point de la science, nous nous écarterions de l'opinion généralement reçue.

Le sol est nécessaire à la plante sous deux rapports : 1° il la fixe et lui sert de support ; 2° il est le laboratoire où se décomposent les matières azotées, les engrais et les débris des plantes. Ces substances, après avoir été élaborées, se réduisent à l'état de gaz, s'élèvent autour des plantes et forment, pour elles, la nourriture qui leur est propre. Nous pensons donc, contradictoirement à l'opinion reçue, que les plantes ne sont pas alimentées par les racines, mais par les branches et les feuilles qui aspirent les gaz élaborés dans le sol et que l'atmosphère attire et tient en suspend autour d'elles. Nous ne comprenons pas, en effet, comment la nourriture pourrait arriver à la plante de deux côtés à la fois. Il nous semble qu'il y aurait conflit entre les fonctions de deux organes ayant la même destination, et que la circulation régulière des fluides, dans les canaux de l'arbuste, serait entravée.

Quoique cette théorie nous paraisse plus conforme à l'ensemble des lois du règne végétal, nous sommes loin d'y attacher une importance exagérée ; et les considérations qui justifient les remèdes que nous proposons en sont parfaitement indépendantes. Mais, à quelque point de vue que l'on se place, il est certain que la santé des plantes exige impérieusement que la nourriture formatrice et réparatrice qui leur est destinée leur parvienne dans le plus grand état de division possible. Car les pores absorbants dont elles sont pourvues sont si fins et si déliés qu'aucun corps qui ne serait pas liquide ou gazeux ne pourrait s'y introduire. Et si, par exception, des matières solides et insolubles se trouvent dans un végétal quelconque, c'est que ces matières étaient tenues en dissolution, à l'époque de leur absorption, par un agent qui les a abandonnées ensuite pour former de nouvelles combinaisons.

Voyons donc comment la nature élabore la nourriture de la plante, et lui donne ce degré de solubilité et de ténuité qui lui est nécessaire. Tous les éléments combinent leur action pour arriver à ce résultat. La terre est le laboratoire dans lequel les matières se préparent sous l'action de l'air. Mais l'eau n'est pas moins nécessaire ; car elle est l'intermédiaire naturel et indispensable de toutes les combinaisons et de toutes les réactions chimiques. A tout cela il faut ajouter l'action de l'agent principal, le soleil.

On sait aujourd'hui que le rayon du soleil n'est pas simple, mais qu'il renferme trois éléments distincts : 1° un élément cause de lumière ; 2° un élément cause de chaleur ; 3° un élément cause de décomposition. Cette troisième puissance, qui est rendue manifeste par les effets du daguerréotype, joue un grand rôle dans le travail de la végétation. C'est elle surtout qui prépare, pour les plantes, les éléments nécessaires à la vie végétale. Partant de ces données, qui sont généralement admises, et qui sont d'ailleurs confirmées chaque jour par les découvertes provoquées par la pratique et l'étude de la photographie, on peut rendre l'action de la lumière plus ou moins rapide, à l'aide de substances dites accélératrices.

Ainsi, les matières minérales, végétales et autres, destinées à la nourriture de la plante, sont divisées par la terre, l'air et la chaleur, et elles reçoivent de l'action du soleil le dernier degré d'élaboration qui leur est nécessaire. Le soleil les purifie, les perfectionne, les mûrit pour ainsi dire, afin de les rendre propres à ce travail fécond de la nature.

Mais si des pluies continuelles, de brusques changements dans la température altèrent le milieu dans lequel la plante se développe et auquel elle était habituée, si les nuages étendent trop longtemps leurs voiles au-dessus de la terre et interceptent les rayons du soleil, il arrive alors que les gaz qui servent d'aliments à la plante, ou, si l'on veut, les sucs de la terre, ne sont plus convenablement élaborés par l'action salutaire de la lumière et de la chaleur. De là une altération dans les éléments alibiles, et, par suite, dans les vaisseaux sécréteurs et excréteurs, et enfin dans le fruit de la plante.

Cette altération, dans la vigne malade, a pour résultat de développer d'une manière anormale l'étui médullaire, de sorte que les autres vaisseaux ligneux qui l'avoisinent se trouvent rétrécis et sont à peine sensibles. Cette désorganisation des vaisseaux de la plante arrête et gêne la marche et le mouvement des sucs et de la séve. Mais là n'est pas la seule cause du mal.

Le rôle des parties solides est très-important. La nourriture de la vigne lui vient du dehors, mais il faut que les éléments fluidiques et gazeux aient subi la vive et longue influence des tissus organiques pour qu'ils puissent se combiner avec les fluides intra-organiques qu'ils alimentent et dont ils reçoivent, en retour, une action stimulante et des propriétés physico-chimiques, qui ne sont autre chose que les propriétés vitales. On conçoit donc que l'altération des tissus n'a pas seulement pour effet d'empêcher la séve de circuler librement ; mais de plus, les sucs terreux et la séve elle-même sont imparfaitement élaborés.

Le pédoncule dans lequel doit s'achever cette maturation de la séve est plus altéré encore. Il est presque entièrement dépourvu de ses vaisseaux ligneux. Il est converti en une substance molle et continue ; et les parties solides ont disparu.

La séve de la vigne malade étant altérée par les causes que nous venons d'expliquer, et privée en partie des principes de vie qui lui sont nécessaires, n'est pas absorbée complétement par le raisin. Que devient alors ce qui n'a pu être assimilé ? Une partie rétrograde corrompt les feuilles et altère l'écorce du bois, sans toutefois l'atteindre dans sa contexture et l'empêche de se développer parfaitement et de former, pour l'année suivante, dans les parties inférieures de la branche, des nœuds à fruits. L'autre partie transsude à travers les pores de la pellicule. Cette transsudation se dessèche, se durcit et finit par produire, sur le côté du grain exposé au soleil, une pellicule corticale semblable à celle qui enveloppe le sarment. Cependant, la séve afflue toujours dans le grain, et une partie des sucs qui n'ont pu être assimilés continue de s'échapper à travers l'enveloppe. La croûte déjà formée se corrompt donc par la même cause qui l'a produite. Elle subit une décomposition humide qui engendre, à son tour, une moisissure. Cette moisissure est le symptôme le plus apparent du mal. Mais, bien loin d'en être la cause, elle en est, au contraire, l'effet le plus éloigné.

On a observé que, pendant la maladie, le grain s'entr'ouvre longitudinalement. Cette ouverture est causée par le développement des pepins qui croissent seuls alors dans le raisin malade et qui font crever l'enveloppe. Cet accident n'est également qu'un des effets secondaires, et non la cause ou une des causes du mal.

Nous venons d'exposer la marche de la maladie de la vigne telle que nous la comprenons : une circonstance importante vient à l'appui de cette théorie.

C'est un fait notoire et incontesté que les vrilles sont attaquées avant tout autre organe de la plante. Dans une vigne malade, elles tiennent à peine à la branche. Elles sont constamment sarmenteuses et ligneuses à leur pointe, et si on les entr'ouvre, on voit, comme dans la grappe, l'étui médullaire considérablement développé. Or, si la maladie avait sa cause soit dans des germes ou œufs d'un insecte quelconque, soit dans une graine transportée par le vent sur les grappes et les feuilles, comment ces œufs ou cette graine iraient-ils s'attacher tout d'abord et de préférence, au point le plus fin et le plus délié de la vigne? D'ailleurs, ces derniers organes ne se couvrent jamais de moisissure, par la raison bien simple qu'ils sont dépourvus de la quantité de fluide aqueux indispensable pour produire une décomposition humide. Ils sont donc promptement desséchés : mais ils n'en sont pas moins malades et les premiers atteints : ils sont aussi fortement attaqués que les grappes, quoique le mal ne se produise pas avec les mêmes caractères (1).

Notons encore un autre fait attesté par tous ceux qui ont écrit sur la maladie de la vigne, et qui vient à l'appui de l'opinion que nous avons émise sur l'action nécessaire de la puissance de décomposition de la lumière. C'est que le mal a pris naissance dans les serres, et que celles qui étaient humides et chaudes ont présenté, selon l'expression de l'honorable et savant M. Payen, le maximum d'intensité du mal et les conditions les plus favorables de propagation.

Que pouvait-il manquer aux treilles cul-

(1) On sait que la contexture des vrilles ou cirrhes est absolument la même que celles du pédoncule de la grappe, puisqu'on peut leur faire produire des fruits en coupant la branche la plus petite.

tivées dans les serres de M. le baron de Rothschild, si ce n'est les rayons du soleil, qu'une chaleur artificielle ne peut remplacer (1)?

De toutes les considérations que nous venons de développer, il résulte que la vigne est malade, comme le serait une plante transportée d'un climat qui lui est propre dans un autre moins favorable. La grande quantité de vapeurs d'eau dont la terre et l'air sont saturés, l'absence de chaleur et de lumière ont modifié le milieu dans lequel vit la vigne. Le cep ne trouve plus aujour-

(1) Nous ne pensons pas cependant, comme MM. Bouchardot et Farez et plusieurs autres savants, qu'il soit nécessaire d'abolir l'usage des serres. Il y a déjà bien des années que l'on cultive le raisin en serres chaudes et nous n'avons pas entendu dire que, dans le passé, ce mode de culture ait exercé, sur l'ensemble des vignes, cette influence pernicieuse que l'on croit aujourd'hui dominante. Il faut avouer que c'est assigner une bien petite cause à un aussi grand effet.

d'hui, soit dans l'eau et les sels de la terre qui entourent ses racines, soit dans les fluides dissous dans l'atmosphère, les éléments nécessaires à sa nutrition tels que sa constitution le demande. De là, altération des sucs nutritifs, dérangement dans l'appareil des vaisseaux fibro-vasculaires et des autres organes, et par suite altération du fruit lui-même.

V.

REMÈDES.

Nous arrivons au point essentiel, c'est-à-dire aux moyens à employer pour combattre la maladie de la vigne. Quelque grave que soit le mal, il n'est pas incurable. On le considère peut-être avec raison comme un fléau de la justice divine. Mais Dieu, qui se sert de la nature pour châtier les hommes, ne défend pas de chercher, dans le même ordre, les remèdes auxquels il a donné lui-même la puissance de lever l'anathème.

Nous sommes heureux que l'expérience ait prouvé complétement l'efficacité du remède qu'il nous a été donné de découvrir, et que nous venons offrir, avec une pleine confiance et un empressement assuré, à tous ceux qui cultivent la vigne. Ils sont resserrés, depuis longtemps, dans des conditions économiques excessivement pénibles : les difficultés que notre législation apporte à la circulation et à la vente de nos vins, les droits élevés qui les grèvent et en empêchent l'exportation : les incertitudes inhérentes à cette branche de production de notre sol : les impôts qui la frappent pèsent déjà, d'un poids bien lourd, sur cette partie intéressante de notre population agricole. Que deviendrait-elle si le fléau qui sévit sur elle, et qui compromet, même dès cette année, son existence et son avenir, n'était pas arrêté dans sa marche ? A coup sûr, sa ruine inévitable ne serait pas un des moindres périls qu'ait eu encore à subir la tranquillité publique.

Les moyens que nous proposons sont simples et faciles à pratiquer. L'augmentation des frais de culture, si elle n'était pas à peu près nulle, comme nous le pensons, serait amplement compensée par une récolte plus abondante, sans que la qualité du vin puisse en être aucunement diminuée.

Nous avons expliqué la nature du mal : nous en avons indiqué la cause. Nous avons montré qu'elle réside dans une modification récente du climat de l'Europe. Il ne dépend pas de nous d'attaquer directement cette cause, placée par la nature au delà de notre portée ; mais nous pouvons mettre la vigne en état de lui résister, et de lutter contre ses fâcheuses influences.

Dans les conditions ordinaires, un changement brusque et soutenu, dans les conditions climatériques d'un lieu, aura toujours des effets désastreux sur une plante faible et mal venue. Celle-ci languira et sera peut-être menacée de périr ; mais si elle est fortifiée par une culture plus rationnelle, nourrie par des engrais et excitée par des stimulants convenables, elle triomphera du mal. Tel est précisément le problème que nous devons résoudre. Il s'agit d'habituer la vigne à un climat nouveau pour elle ; il faut lui rendre assez de force pour qu'elle puisse résister vigoureusement aux fâcheuses influences de l'atmosphère telle que nous l'avons aujourd'hui. Or, pour obtenir ce résultat si important, il suffit d'un simple changement dans le mode de culture. La somme de travaux qu'exige cet arbuste ne sera pas même augmentée ; nous proposons uniquement de modifier, en l'améliorant, l'un des labours de la vigne par une opération très-rationnelle, fondée sur la nature de la plante, et cependant inusitée et inconnue jusqu'à ce jour.

Par tout ce que nous avons dit, le lecteur doit déjà comprendre que nous ne considérons pas la vigne comme étant réellement malade. Nous nous sommes servi de cette expression, et nous continuerons à l'employer dans ce travail, afin d'être plus facilement compris ; mais il est certain qu'elle ne répond pas exactement au fait qu'elle devrait exprimer.

Si un homme souffrait par cela seul qu'élevé dans une plaine chaude ou tempérée, il se trouvait tout à coup transporté au sommet d'un coteau exposé aux vents, aux brouillards, au froid, à l'humidité, ou bien par suite d'une alimentation mauvaise ou insuffisante, cet état de souffrance ne serait considéré, par personne, comme une maladie ; le sens propre de ce mot étant une altération de la constitution normale de l'individu.

Or, ce qu'on appelle maladie de la vigne n'a pas ce caractère. L'arbuste vinifère n'est pas altéré dans sa nature; il n'est pas dégénéré. Mais le milieu dans lequel il se développe est modifié. Là se trouve, et non dans la plante, le changement anormal, qui est devenu, faute d'une culture bien entendue, un véritable fléau. Ce fléau n'atteint pas seulement la vigne. La betterave, plusieurs variétés de potiron, les plantes sur racines, les arbres fruitiers, et nous pourrions ajouter les céréales elles-mêmes, sont également attaquées.

Mais nous sommes convaincus que cette perturbation d'une partie du règne végétal peut être victorieusement combattue ; et, comme il n'y a réellement pas de maladie proprement dite, le remède à employer doit consister nécessairement dans un mode de culture plus rationnel. Et si le changement de climat devait durer, peu à peu les plantes mieux cultivées et entourées, pendant quelques années, de soins plus intelligents, finiraient par corriger et par fortifier leur nature, de manière à pouvoir lutter, avec avantage, contre les causes qui les affaiblissent aujourd'hui. C'est ce qui arrive journellement lorsque des végétaux sont transportés d'une terre dans une autre moins favorable, ou d'un climat relativement généreux, dans un autre plus rude. Mais en ce moment nous circonscrivons nos efforts et notre attention sur la vigne qui devait être attaquée avec plus d'intensité, puisqu'elle est, en raison de sa contexture et de la quantité de sucs qu'elle absorbe et qu'elle met en mouvement, plus sensible que toute autre plante aux variations et aux influences de l'atmosphère.

Que si, après avoir exposé les opérations très-simples et la composition des éléments divers qui doivent lui rendre sa force et sa vigueur primitives, on nous demande comment ces moyens agissent, nous répondrons que la nature a des mystères que la science ne saurait pénétrer. Le souverain ordonnateur des choses soulève quelquefois un des côtés du voile qui nous cache le travail fécond de la vie universelle; mais quand il nous a permis de découvrir ce qui nous est indispensable pour notre utilité, il laisse retomber devant nous le voile à moitié soulevé. Si donc il nous a été possible de pénétrer la nature et la cause du mal que nous devons combattre, si nous avons trouvé le véritable remède, c'est assez demander à nos efforts : le reste ne serait plus qu'une curiosité inutile ; telle est du moins notre pensée.

Peut-être même, n'ayant en vue qu'un objet d'utilité pratique, nous sommes-nous aventuré trop loin déjà dans le domaine périlleux de la science. Il est quelquefois dangereux de contredire les idées reçues et, sous ce rapport, les savants ne sont pas moins intolérants que le vulgaire. Mais qu'ils nous permettent de nous prévaloir contre eux, dans cette matière spéciale, des avantages qu'ils ne peuvent nous contester. Ce n'est pas dans notre cabinet que nous avons poursuivi nos recherches : nous avons moins étudié les livres que la nature elle-même. Nous l'avons interrogée avec patience et avec un esprit tout à fait libre de préjugés scientifiques.

Nous avons été surtout touché par le sort des nombreuses familles dont l'existence est attachée à la culture de la vigne. Le désir ardent de les arracher à une ruine imminente, et l'espoir d'éloigner de notre patrie une cause nouvelle de troubles, en sauvant une des principales branches de notre production agricole, tels sont les mobiles qui nous ont animé et soutenu dans ce travail.

Si l'on nous accorde que nous avons atteint le but de nos efforts, nous abandonnerons volontiers toutes les considérations théoriques sur lesquelles nous nous sommes appuyé ; et nous ne nous plaindrons pas qu'on nous refuse un mérite scientifique auquel nous ne prétendons nullement, pourvu que l'on examine, sans prévention, et que l'on applique avec soin les moyens curatifs que nous allons décrire.

VI.

PREMIÈRE OPÉRATION NÉCESSAIRE POUR PRÉSERVER LA VIGNE DE L'INVASION DU FLÉAU.

Après la chute des feuilles, ou, au plus tard, avant les premières gelées, il faut déchausser chaque pied de vigne et faire, à l'entour, un creux de soixante centimètres de large et d'une profondeur proportionnée à l'épaisseur de la couche de terre végétale qui recouvre les racines, de manière à découvrir un peu le haut des racines principales ou pivotantes qui fixent solidement l'arbuste. Dans un terrain ordinaire, il faut descendre jusqu'à une profondeur de vingt à vingt-cinq centimètres et même plus, si le sol le permet. Lorsqu'on aura pratiqué cette ouverture, on coupera, avec le plus grand soin, toutes les petites racines tendres et noirâtres qui viennent en groupe, et qui forment, au collet du pied de la vigne, ce qu'on appelle un chevelu, espèce de couronne de racines, qui, par leur forme et leur position, ne peuvent être que rampantes. On se servira, pour cela, de serpettes et non de ciseaux ou de sécateurs, qui ne permettraient pas d'atteindre ces racines assez près du point où elles sont attachées au cep. Cette opération est indispensable ; et, seule, elle suffit, quelquefois, quand elle est faite exactement et à propos, pour préserver la vigne de l'invasion du fléau.

La vigne a des racines pivotantes qui s'enfoncent profondément dans la terre. Elles pénètrent dans les interstices des roches, et, quand elles trouvent un sol convenable, elles acquièrent une longueur extraordinaire. On en a rencontré qui n'avaient pas moins de quinze mètres de long. C'est de ces racines mères que doivent sortir les racines courantes.

Mais celles qui naissent du collet affaiblissent la vigne et sont la cause principale des divers accidents qui affectent l'arbre et la récolte. Quand on les laisse, la vigne devient paresseuse et languissante, parce que les spongioles de ces racines rampantes fonctionnent presque seules. Comme elles serpentent à travers la couche de terre végétale, elles attirent à elles, ou, si l'on veut, elles contribuent seules à nourrir et à entretenir l'activité de la plante. Mais cette terre, bien qu'elle soit la meilleure, les expose à toutes les influences variables du froid, de l'humidité et de la chaleur. La vie du végétal, au lieu de dépendre des racines mères, comme le veut la nature, ne tarde pas à reposer principalement sur ces racines secondaires exposées, par leur position et leur délicatesse, à toutes les intempéries de l'air. Par suite, la séve elle-même s'en ressent et elle subit les mêmes variations. Or, ces accidents lui sont toujours nuisibles, surtout lorsqu'elle a commencé son mouvement infiniment plus actif dans la vigne que dans tout autre arbuste de nos contrées. D'un autre côté, ces racines rampantes, situées près de la surface du sol, sont souvent atteintes et blessées à l'occasion des labours, et il en résulte une déperdition notable de la substance séveuse. Elles sont donc privées, par ces accidents, d'une partie des sucs alibiles nécessaires a la formation complète des organes du petit arbre vinifère, et à l'énergie des fonctions que la nature leur a confiées.

Il faut donc les couper avec le plus grand soin, au commencement de l'hiver, à l'époque où la vigne entre dans son repos. On rendra, par ce procédé, si simple et si facile, toute leur puissance aux racines mères, qui doivent à leur enfoncement à une plus grande profondeur dans le sol, d'être à l'abri des variations de la température, si multipliées de nos jours. Par la même raison, la séve en sera garantie et elle circulera dans la plante avec l'activité et la régularité qui lui sont indispensables.

On sait que les treilles cultivées au pied des maisons qu'elles sont destinées à tapisser, ou dans les jardins, comme arbres d'agrément, sont à peine travaillées. Il en est même que l'on néglige complétement. D'autre part, elles ne sont pas profondément plantées. Dans les environs de Paris surtout, elles ne sont guère enfoncées qu'à un pied de profondeur. Aussi ce sont les fruits de ces vignes qui ont offert les premiers symptômes du mal et qui ont été, cette année, le plus fortement atteints et endommagés. Nous savons bien que, par l'effet de ce défaut de culture et de ce mauvais mode de plantation, elles n'ont pas un chevelu aussi épais et aussi bien fourni que les vignes travaillées avec soin et convenablement plantées; mais il est facile de se convaincre, en le découvrant, que chaque pied est enceint, à son collet, d'un groupe de radicules assez fortes et assez nombreuses pour pouvoir remplir, à elles seules, indépendamment des racines mères, toutes les fonctions que ces organes importants sont destinés à remplir dans la vie végétale. Mais, à cause de leur situation qui les expose à toutes les vicissitudes de l'atmosphère, elles ne les remplissent qu'imparfaitement, et, par suite, la force de vie que possède la plante se trouve amoindrie. Il est donc indispensable de les couper, et si, primitivement, le pied n'a pas été enfoui assez profondément, il faut le proviner en creusant le sol. Quand même les propriétaires de ces pieds de vigne n'auraient pas à craindre l'invasion du fléau, ils feraient encore bien de suivre notre conseil, pour peu qu'ils aient à cœur d'obtenir de bons et d'abondants produits.

Si l'opération que nous venons d'indiquer soulevait contre elle quelque prévention ; si elle était combattue, dans l'esprit de nos viticulteurs, par les préjugés qu'enfante la routine aveugle ou l'inexpérience, le fait suivant suffirait à prouver qu'il n'y a aucun danger à adopter ce changement important et aujourd'hui nécessaire dans le mode de culture. Il répandra, nous l'espérons, sur la question qui nous occupe, une lumière telle qu'elle fera tomber toutes les critiques et qu'elle dissipera tous les doutes.

Nous étions chargés, il n'y a pas bien longtemps encore, de l'administration d'une propriété diocésaine dans laquelle se trouvait une vigne d'un hectare quarante-cinq ares de superficie. Cette vigne, plantée dans un terrain profond et à base calcaire, mêlé d'un peu de silice, avait été complétement négligée pendant un grand nombre d'années. Elle était cultivée, en dehors de toute surveillance, par des mains mercenaires et par des ouvriers probablement peu consciencieux. Son produit s'élevait à peine à cinq ou six hectolitres d'un vin médiocre. Regrettant de laisser une bonne terre aussi inutilement occupée et ne pensant pas, d'ailleurs, pouvoir ranimer la vigne, nous nous arrêtâmes à la pensée de la faire extirper. Les ouvriers furent mis à l'œuvre. Ils avaient à peine atteint le tiers de la pièce, qu'un vieillard respectable, auteur de la plantation, nous fit prier de ne pas passer outre et de ne pas détruire son ouvrage. L'opération de l'arrachage fut immédiatement suspendue. Les ouvriers reçurent l'ordre de défoncer profondément le sol dans la partie laissée en vigne, et qui n'avait été que grattée pendant plusieurs années. Il fut soulevé à un mètre de profondeur.

Tous les pieds de vigne furent déracinés ou à peu près, plantés de nouveau et alignés une seconde fois. Il nous suffisait de les voir tenir par la moindre de leurs radicules. Ce travail eut lieu d'autant plus radicalement que nous n'avions pas à cœur de conserver la vigne et, qu'au fond, nous aurions été désireux de la voir périr.

Nous pouvons assurer qu'après cette opération, à l'occasion de laquelle la plus grande partie des racines fut enlevée, jamais vigne ne fut plus vigoureuse. L'année suivante, ou plutôt l'année même du travail qui fut fait en janvier, les deux tiers restant de la vigne ne produisirent pas moins de vingt-deux pièces de vin (1). On ne doit donc pas craindre d'attaquer les racines du collet de la vigne. Nous les avons régulièrement fait couper, pendant dix années consécutives, sur la vigne dont nous parlons, et, loin d'avoir à nous en plaindre, nous avons obtenu, par ce procédé, les résultats les plus avantageux. Nous pouvons donc assurer qu'elles sont nuisibles dans toutes les conditions possibles ; mais elles le sont bien davantage dans les circonstances actuelles. En effet, puisqu'il s'agit de préserver la vigne des variations fréquentes de la température, on comprend que l'on aura atteint ce but, en grande partie, alors que, par suite de la suppression des racines qui partent du collet du cep, et qui serpentent à travers la couche la plus élevée du terrain, l'on aura forcé la plante

(1) La pièce du pays contient 2 hectolitres 20 litres.

à s'appuyer, tout entière, sur les racines mères obligées, par leur nature, de s'enfoncer profondément dans le sol, et qui sont, par conséquent, à l'abri des perturbations fâcheuses et multipliées de l'air extérieur.

Telle est l'opération principale que nous recommandons aux viticulteurs. L'expérience nous en a démontré les avantages ; et nous ne saurions trop insister sur son importance. Qu'ils n'hésitent pas à suivre notre conseil ; qu'ils soient bien persuadés que le chevelu des racines qui se forment au collet et serpentent dans les couches les plus rapprochées de la surface du sol ne sont ni nécessaires ni utiles à la vigne. Au contraire, elles détournent, sur elle-même, une fonction importante, que les racines mères peuvent seules remplir parfaitement ; elles rendent la vigne plus délicate et plus sensible aux influences de l'air : elles arrêtent l'activité et la régularité du mouvement de la séve et elles sont l'occasion d'accidents nuisibles lorsqu'elles sont atteintes et coupées en partie par les instruments du labour. Car les sucs qui se perdent alors, non-seulement privent la plante d'une partie de sa force, mais, de plus, la circulation éprouve une fâcheuse interruption. Il faut donc considérer ces racines comme des organes superflus et des accessoires dangereux, et les arracher avec d'autant moins de pitié, qu'ils n'ont pas pour seul effet d'appauvrir le sol qui les contient, mais encore d'atteindre et de ruiner la constitution même de l'arbuste.

Après les avoir enlevées avec le plus grand soin, on ne doit pas négliger de râcler et de faire disparaître, à l'aide d'une lame de fer, ou tout autre instrument convenable, les mousses, les lichens et les vieilles écorces soulevées que l'on remarque autour de la souche et quelquefois des branches principales. On fera périr ainsi un grand nombre d'insectes qui, trouvant un asile et un abri assuré pendant l'hiver dans les déchirures du cep ou dans les corps qui le recouvrent, s'y conservent et s'y multiplient et deviennent une des causes de son affaiblissement.

L'ouverture que nous avons conseillée étant faite, il faut la laisser subsister jusqu'au mois de mars, et plus tard même si la vigne est restée dans son repos et si l'on a à craindre que les froids tardifs ne nuisent aux jeunes pousses (1). Il n'est nulle-

(1) Quelques personnes craindront peut-être d'exposer le corps de l'arbuste et ses racines à la gelée, en creusant, autour du pied, le fossé dont nous parlons. Nous pouvons leur donner l'assurance que cette crainte n'a aucun fondement. D'abord, les fortes gelées de l'hiver sont rarement désastreuses. En second lieu le bois de la treille et celui des racines n'est pas plus exposé aux atteintes du froid que celui de plusieurs autres arbres à l'égard desquels on n'éprouve aucune inquiétude. Enfin, loin que cette ouverture puisse avoir aucun

ment utile que la vigne commence de bonne heure le mouvement de sa végétation. Au contraire, il est aujourd'hui constaté que, toutes les fois que la récolte a été plus abondante et le produit meilleur, la vigne n'avait poussé que fort tard. Quand elle est soumise à l'action simultanée de l'air et d'une température convenable et qu'une humidité trop grande n'a pas d'effet défavorable sur ses organes, sa vie se produit et se développe avec une extrême rapidité et regagne bien vite le temps qu'elle semblait avoir perdu. On n'a donc rien à craindre en retardant le développement des branches et la naissance du fruit. Par là on évitera, au contraire, les interruptions fâcheuses causées par les matinées froides du printemps dans la pousse des jeunes tiges.

inconvénient, les terres ramassées à l'orifice formeront pour le pied de l'arbuste un abri salutaire.

Il serait important que cette ouverture fût pratiquée d'abord après la levée de la récolte et assez tôt pour qu'elle pût recevoir les feuilles de la vigne qui constituent pour elle une fumure précieuse et parfaitement appropriée à sa nature.

Pendant l'hiver, aussi longtemps que dure l'état de mort dont l'arbre semble frappé, le corps des racines se trouve rapproché de l'air libre. Partant, elles se fortifient et deviennent plus propres à remplir le rôle important qu'elles seront bientôt appelées à jouer.

D'autre part, le sol est, par la force même des choses, ameubli, travaillé et divisé. Ses surfaces se trouvent multipliées et mises en contact, pendant toute la durée du repos de la plante, avec l'air et la lumière. La puissance de décomposition des rayons du soleil se produit plus librement. L'action fortement excitatrice de ces deux agents, l'air et la lumière, atteint et dissout toutes les substances qui constituent le sol arable ou la terre végétale. La terre, ainsi travaillée, est rendue plus soluble, et, lorsque le moment de la végétation est arrivé, elle cède facilement à l'atmosphère les gaz nutritifs produits de la décomposition dont elle a été le laboratoire.

La vigne doit rester ainsi déchaussée jusqu'au moment où il est d'usage de donner le premier labour. Et il ne faut pas se hâter de le pratiquer, aussi longtemps du moins que le changement de climat, contre lequel nous avons à lutter aujourd'hui, subsistera. Ce retard, que nous conseillons avec insistance au viticulteur, ne doit point l'inquiéter. Nous l'avons dit, ce n'est jamais la longueur du temps qui manque à la végétation et au développement de la vigne, mais bien un temps convenable. L'expérience et la raison prouvent également qu'une plante ou une branche encore jeunes et tendres, ou dont la vie commence à peine, souffrent infiniment lorsqu'un dérangement, dans la saison, vient gêner et contrarier leur croissance. Alors, loin de profiter du long espace de temps qui leur avait été laissé, elles tombent dans un état de langueur et souffrent, si elles ne périssent pas. Les éléments de la nutrition, interrompus dans leur formation et leur mouvement, ne tardent pas à s'altérer; et les fruits, privés, par ces causes diverses, d'aliments parfaitement appropriés à leur constitution, sont arrêtés dans leur développement, s'ils ne sont pas, comme le raisin cette année, frappés d'une mort certaine.

Le déchaussement de l'arbuste vinifère, exécuté selon nos conseils, éloignera le fléau. Mais, indépendamment de ce résultat, qu'il faut obtenir à tout prix, cette opération est, par elle-même, le meilleur mode de culture de la vigne. Elle est bonne dans toutes les circonstances, et le vigneron qui l'aura adoptée en sera récompensé par une excellente récolte. Rien n'est plus facile à comprendre.

Il est notoire que nulle terre cultivée n'est aussi négligée que les vignobles. Les façons données à la vigne sont généralement confiées à des femmes, à des enfants, ou à des personnes incapables de tout autre travail. On se contente de gratter la terre à la surface, tandis qu'il faudrait la remuer, la mêler et la travailler dans les couches plus profondes qui recouvrent les racines. La faiblesse et la délicatesse de cet arbuste exigent des soins attentifs et quelques efforts indispensables. Malheureusement, on s'en dispense d'autant plus volontiers qu'on se laisse entraîner par l'appât d'une économie fausse et souverainement mal entendue.

Mais si l'opération du déchaussement de la vigne est adoptée, ce vice de notre travail viticole disparaîtra forcément. La terre sera profondément remuée et divisée. L'action décomposante de la lumière produira ses effets nécessaires. Les racines étant mises à découvert pendant un long espace de temps, seront frappées par le froid et fortifiées. Le mouvement de la séve sera retardé, et par suite les jeunes pousses préservées des retours subits du froid et de l'humidité qui leur sont si nuisibles. Quand la terre sera remise en place, à l'époque de la première façon, elles pousseront avec force et elles lutteront facilement contre les influences météorologiques qui les atteignent aujourd'hui. Non-seulement la maladie de la vigne disparaîtra, mais de plus, par ces soins intelligents, la plante, recouvrant sa vigueur primitive, donnera d'abondantes récoltes et le produit aura toute la qualité que la nature du sol comportera.

VII.

DEUXIÈME OPÉRATION. — SUBSTANCES NÉCESSAIRES POUR METTRE LA VIGNE EN ÉTAT DE LUTTER CONTRE LE MAL.

Au moment de procéder au premier labour de la vigne, travail que l'on doit, nous ne saurions trop le répéter, retarder autant que possible, il faudra avoir soin de mettre à chaque pied de vigne, autour de l'arbuste et au-dessus des racines principales, c'est-à-dire celles qui se bifurquent au-dessous du tronc, deux fortes poignées de gypse ou plâtre en poudre, cuit ou non cuit, et autant de sulfate de fer concassé, vulgairement appelé *vitriol vert, ou couperose verte*. Dans les terrains humides, on pourrait se dispenser d'employer le plâtre, bien qu'il ne puisse jamais nuire. Il produira toujours, mais surtout lorsqu'il aura été jeté sur une terre argileuse, un excédant de récolte bien marqué, sans nuire à la finesse, à la légèreté, à la délicatesse et à l'agrément de la plupart de nos vins.

Nous ne nous sommes pas arrêté à l'idée d'employer le soufre pour l'appliquer, non pas sur le raisin, ce qui serait inutile, comme nous l'avons observé déjà, mais aux racines. Nous ne pensons pas qu'il pût être plus efficace que le plâtre ; mais, dans tous les cas, la dépense ne serait pas représentée par le produit : il vaut donc mieux y renoncer.

Mais l'emploi du sulfate de fer ou couperose verte, pour tous les terrains possibles, est absolument indispensable. Nous l'avons éprouvé sur des terrains de toute nature, et nous pensons que les bons résultats que nous avons obtenus doivent être attribués et aux combinaisons diverses dont son action chimique est le principe, et à la couleur qu'il produit et qui devient, selon la nature du sol qui le reçoit, noire, grise, olive, rouge, etc.

On sait avec quel succès M. Gris a tout récemment encore, employé le sulfate de fer pour redonner de la vigueur aux plantes qui commencent à jaunir et dépérissent malgré les soins qu'elles reçoivent d'ailleurs. Il fait dissoudre dans de l'eau une certaine quantité de sulfate de fer, et il arrose, tous les cinq ou six jours, les plantes malades. Trois arrosements suffisent pour les rétablir complétement. Tous les agriculteurs connaissent l'excellence de ce procédé.

L'emploi de la couperose ne présente ni embarras ni danger. Les personnes les moins expérimentées peuvent, sans craindre, la toucher pour la concasser et la répandre. Il suffit qu'elles aient soin de se laver les mains avant de prendre leur nourriture. Son prix de revient, lors même qu'elle est pure et sans mélange de sels de chaux, de magnésie ou de manganèse, ne peut pas dépasser dix ou douze francs le quintal métrique. Nous n'en avons jamais employé au delà de deux cent cinquante kilogrammes par hectare de vignes.

Si nous nous adressions aux savants, il y aurait lieu peut-être d'expliquer ici l'action chimique du sulfate de fer et du plâtre combinés; mais comme nous désirons surtout être écoutés et compris par les cultivateurs, nous aimons mieux demeurer dans la voie sûre de la pratique et de l'expérience. Les heureux résultats obtenus par l'emploi de ces deux agents sont incontestés. Cela nous suffit ; nous ne ferons qu'une très-simple observation.

On sait que les végétaux ont des parties solides et des parties molles ou fluides, et que le sulfate de chaux domine dans le tissu ligneux du plus grand nombre de plantes. Les substances minérales ne sont pas moins nécessaires aux parties solides des végétaux que la matière minérale des os à la constitution des animaux vertébrés. De là, nécessité d'ajouter au sol une certaine quantité de ces substances, si elles manquent, et de les accroître si elles ne s'y trouvent pas en quantités suffisantes, ou bien, si les causes primordiales qui les fournissent viennent à être suspendues ou arrêtées dans leurs moyens d'action par un obstacle ou un accident quelconque. De là aussi nécessité, surtout dans les conditions météorologiques où nous sommes, de prévenir et de régler, au besoin, la volatilisation du carbonate d'ammoniaque et du gaz hydrogène sulfuré. Or, ce sont les avantages remarquables qu'offre l'emploi du sulfate de fer. L'acide sulfurique du sulfate de fer se combine avec l'ammoniaque produit par le plâtre et par le sol, et se convertit en sel (sulfate d'ammoniaque) ; le fer se combine avec le soufre venant des mêmes sources, et forme du sulfure de fer. Ces substances, ainsi combinées, seront retenues en grande partie dans le sol et cédées plus tard d'une manière successive et graduée quand le temps est convenable. Elles s'élèvent, sous forme de gaz, et fournissent au végétal les éléments d'une formation et d'une qualité parfaites.

Tels sont les remèdes que nous proposons aux viticulteurs. Ils sont le résultat d'une longue pratique et d'une minutieuse et exacte expérience. Nous les engageons, de toutes nos forces, à les mettre en usage, et ils verront le fléau s'éloigner de leurs vignes.

Mais la guérison de la maladie de la vigne ne sera pas le seul résultat qu'ils devront à la pratique de nos conseils : d'une récolte plus abondante, sans la moindre altération dans la qualité du produit, les dédommagera amplement des légers sacrifices qu'ils se seront imposés. D'ailleurs, la dépense à faire, en dehors de l'achat du plâtre et du sulfate de fer, est absolument nulle.

En définitive, de quoi parlons-nous ? d'un travail régulier, parfaitement approprié à la nature de la vigne, et que tout viticulteur intelligent devrait faire de lui-même, alors même que la vigne ne serait ni malade ni menacée de le devenir. La terre est généreuse, cela est vrai ; mais elle n'est généreuse qu'envers ceux qui en usent de même avec elle. Il est bon de lui demander beaucoup, pourvu qu'on ne lui refuse rien de ce que la nature et le climat ont rendu nécessaire.

VIII.

RÉSUMÉ DES TRAVAUX ET DES MOYENS CURATIFS.

Résumons en peu de mots ce nouveau mode de culture, qui doit avoir pour résultat de régénérer l'arbuste vinifère. Il consiste en ces trois opérations non moins simples que faciles :

1° Déchausser profondément chaque pied de vigne après la récolte ou dans le mois de novembre ; laisser la terre et le haut des racines exposés à l'air libre jusqu'à ce que le moment soit venu de donner la première façon. Ce moment est arrivé lorsqu'on voit les jeunes branches déjà levées. Jusque-là, il ne faut pas toucher à la terre. Ce retard n'offre pas le moindre danger. Nous avons, dans nos essais, fait pratiquer le premier labour d'une vigne lorsque les tiges avaient acquis une longueur de six pouces. Nous n'avons pas remarqué la plus légère différence entre la force et le produit de cette vigne et la vigueur des autres qui avaient été travaillées en mars, époque fixée par l'usage du lieu où nous nous trouvions.

Plus on reculera, par des travaux différés, le mouvement de la séve, plus on aura de chances de soustraire le végétal à l'influence funeste des gelées tardives et des interruptions causées par les brusques changements de la température. Il est donc nécessaire de retarder le plus possible le premier labour de la vigne.

2° Couper avec soin tout le chevelu de racines qui viennent si promptement et en si grand nombre au collet du cep, et qui serpentent à travers la partie supérieure de la couche plus ou moins profonde de la terre végétale. Nous avons prouvé suffisamment la nécessité de cette opération.

3° Au moment de procéder au premier labour, qui doit servir aussi à rechausser la vigne, mettre deux poignées de plâtre et autant de sulfate de fer grossièrement concassé autour de chaque pied et dans le fond du petit fossé pratiqué d'avance, et procéder ensuite aux travaux ordinaires d'après l'usage des lieux.

Nous avons indiqué les remèdes, mais

nous ne voulons pas terminer cet écrit sans donner encore aux vignerons quelques avis qui seconderont utilement le procédé de culture que nous avons décrit.

IX.

TERRAGE.

Nous leur recommandons, en premier lieu, l'excellente opération qu'on nomme le terrage.

Elle consiste à prendre, dans les bois, une certaine quantité de la couche supérieure du sol pour la transporter dans la vigne. Cette terre neuve, pour ainsi dire, et chargée de

7

substances tanines déposées par le bois mort et les feuilles décomposées, produit des effets merveilleux sur l'arbuste et le fruit. Rien n'empêche qu'on n'amende, par ce simple procédé, toute une surface de vignes. Pour obtenir ce résultat, il serait bon de choisir, dans les bois, des terres d'une qualité différente de celle du sol de la vigne. Ainsi, les terres dures et compactes, et dont les molécules sont très-rapprochées, se féconderaient au moyen d'une terre légère. Les terres légères, qui ont peu d'adhésion, se mélangeraient avantageusement avec les terres compactes. Ce mélange augmenterait la quantité des sels qui existent dans le sol. La substance tanine contient comme un levain qui, secondé par la lumière, excite une espèce de fermentation dans les sels; et ceux-ci, en se combinant, deviennent des auxiliaires puissants pour la végétation.

Le vigneron intelligent qui voudrait procéder à cette opération pendant les longs loisirs de l'hiver, alors que tous les autres travaux de la terre sont généralement suspendus, pourrait augmenter notablement l'efficacité de ce procédé, en s'y prenant de la manière suivante. Au lieu de débuter chaque cep isolément au mois de novembre, comme nous l'avons indiqué plus haut, il ouvrirait un large fossé entier et continu au-dessus des racines de chaque pied de vigne et dans le sens de la plantation. Il comblerait ensuite le fossé entre les ceps avec la terre transportée, mais sans la déposer encore au-dessus des racines et près de l'arbuste. Plus tard, à l'époque du premier labour, le mélange aurait lieu. Un travail si bien entendu produirait d'admirables résultats, que nous pouvons garantir par notre propre expérience. Quel est, d'ailleurs, l'homme de la campagne qui ne connaît l'utilité et l'importance du mélange des terres?

X.

TAILLE DE LA VIGNE.

Comme le temps est froid et humide, il convient de tailler la vigne tard, et jamais avant le mois de février, à moins que, par l'effet de quelques journées plus chaudes, dans un hiver peu rigoureux, on n'ait à craindre une effusion de séve.

Il faut aussi ne pas perdre de vue les conditions atmosphériques au milieu desquelles la vigne se développe aujourd'hui et prendre soin de réserver les sucs au plus petit nombre de bourgeons possible, sans toutefois diminuer la récolte qu'un pied fort et vigoureux est destiné à produire. Mais il est bon de tailler un peu plus court qu'à l'ordinaire, afin d'obtenir, malgré les influences fâcheuses de l'atmosphère, des pousses fortes et des fruits sains et abondants. Il faut surtout épargner les ceps languissants.

Nous recommandons particulièrement à l'attention du viticulteur de ne laisser, sur chaque mère branche, qu'un nombre égal de bourgeons ou d'yeux, afin qu'il y ait équilibre et régularité dans le mouvement de la séve. L'oubli de ce soin, dans les circonstances où nous nous trouvons, pourrait avoir de graves conséquences.

Il est très-important, quand on taille la vigne, de ne pas couper le bois en rond.

comme on le fait aujourd'hui, surtout depuis que l'usage des ciseaux ou sécateurs a été adopté. Cette manière de tailler la vigne met le bouton à découvert et l'expose, lorsqu'il est encore faible et délicat, à toutes les vicissitudes de l'atmosphère. Il faut, au contraire, apporter la plus grande attention à tailler en biais ou en bec de flûte, et du côté opposé à l'œil. Alors, la pluie ne pénètre pas dans la moëlle ; mais elle glisse par le fait même de la pente de la coupe, et la jeune branche se trouve ainsi mise à l'abri d'une des causes ordinaires des gelées qui peuvent arriver après la taille. Si l'on se sert de ciseaux, il faut les avoir bien tranchants et bien ajustés, afin de faire une coupe nette. Il est bon de les tenir inclinés, pour qu'ils taillent en biais et un peu au-dessus de l'œil. Si les ciseaux coupent mal, mâchent ou fendent le bois, la perte du fruit est presque certaine. C'est souvent pour avoir mal taillé la vigne ou pour s'être servi de mauvais instruments, que le vigneron a perdu, sans pouvoir s'en rendre raison, le fruit de ses sueurs.

XI.

EBOURGEONNEMENT.

On doit ébourgeonner ou châtrer la vigne le plus promptement possible. Nous pouvons assurer avoir préservé des treilles de la maladie, en dehors de tout autre moyen curatif, par le fait seul de notre exactitude à faire disparaître toute branche inutile. Dès l'instant que l'on peut apercevoir et enlever un bourgeon superflu, il faut s'empresser de le couper, afin de concentrer, autant que possible, toute la puissance de la végétation sur les branches qui doivent rester. Les branches à conserver ne sont pas nécessairement celles qui doivent porter le fruit, mais celles qui servent à former l'arbuste et à équilibrer la marche et la division de la séve, en la portant également dans toutes les parties de l'arbuste. Ce soin important et délicat doit donc être confié à des hommes habiles, et non à des enfants ou à des femmes, comme on le fait dans certaines contrées.

Qu'on ne se laisse pas arrêter, lorsqu'il est utile de couper une branche, par la vue du raisin qu'elle porte. Nous connaissons un pays où cette maxime « *ferme les yeux en ébourgeonnant* » a passé en proverbe. Cela veut dire : ne crains pas de sacrifier une branche ou un fruit pour conserver la santé de l'arbre même.

Deux ébourgeonnements nous paraissent aujourd'hui nécessaires. Le premier, après que les germes sont sortis et qu'on peut les distinguer ; le second, entre la naissance du raisin et la floraison. Il est bon de choisir, pour cette opération, un temps sec, afin de ne pas durcir, en la foulant, une terre encore humide.

XII.

LABOURS.

Nous avons peu de choses à dire sur les divers labours ou façons à donner à la vigne. Le mode, le temps et le nombre de ces travaux varient suivant les lieux, l'exposition et la nature du terrain. D'ailleurs, le meilleur labour est celui que nous avons recommandé, et qui consiste dans le déchaussement du pied de la vigne. Par ce premier travail, la terre sera profondément remuée au-dessus et autour des racines. C'est là le point essentiel. Les autres travaux successifs ameubliront le sol en le divisant. Ses parties diverses, après avoir subi l'action salutaire de l'air et de la lumière, recevront, avec plus de facilité, les engrais météoriques qu'elles modifieront pour former ensuite, autour de l'arbuste, un milieu au sein duquel il trouvera des substances parfaitement alibiles et de nature à le mettre à même de lutter avec avantage contre les causes de débilitation qui l'atteignent aujourd'hui.

XIII.

Depuis que nous avons écrit ces pages, les tristes prévisions que nous avons exprimées plus haut, sur l'état probable de la récolte, se sont malheureusement réalisées. Voici ce que nous lisons à ce sujet dans le journal la *Presse*, numéro du 3 novembre courant :

« Les journaux des départements sont « navrants à lire quand ils exposent la situa-

« tion de leurs contrées respectives. Les « vendanges sont commencées dans tous nos « environs, disait le *Courrier de la Drôme* « la semaine dernière, et pour beaucoup de « localités elles sont déjà terminées; car les « gelées du printemps, la grêle et l'*Oïdium* « s'étaient chargés de la besogne des ven- « dangeurs, et ce qui a été recueilli dans « certains vignobles est à peu près l'équiva- « lent de cette dernière récolte qui se fait « après la véritable, et qui constitue ce que « l'on appelle dans nos contrées le *résimo-* « *lage*. Un journal de la Bourgogne disait « ceci : On ne peut attendre qu'une déplo- « rable qualité des vins qui vont provenir de « raisins qui, hier encore, étaient à l'état de « verjus. Si, malgré la saison avancée, nous « eussions eu un beau mois d'octobre, le peu « de raisin épargné par la maladie aurait « donné du vin potable, sinon de qualité. »

« Le *Languedoc*, journal qui se publie à

« Pézenas, affirme que les terroirs de Mèze,
« de Beaucaire, de Cette, n'ont pas un
« dixième de leurs produits annuels, et que
« Lunel n'aura pas le quinzième de sa ré-
« colte habituelle, tant le raisin rend peu à
« la cuve, et nulle part on ne se flatte d'a-
« voir ni quantité ni qualité. A Vauvert et
« Saint-Gilles, où le mal est moins grand,
« on compte sur le tiers ou le quart d'une
« année ordinaire. Dans le Bordelais, les
« vendanges se sont faites sans la maturité,
« c'est-à-dire dans des conditions bonnes
« pour prévenir la putréfaction dans la-
« quelle tombaient les raisins, mais entière-
« ment mauvaises au point de vue de la
« générosité et de l'excellence des produits
« de cette contrée. Dans les Bouches-du-
« Rhône, les vignes ont été tellement at-
« teintes par la maladie, que là, où le vin
« se vendait 2 francs 50 centimes et 3 francs
« l'hectolitre à la récolte, il coûte aujour-

« d'hui jusqu'à 30 francs. A Anse et Ville-
« franche-sur-Saône, rien de plus triste que
« la pluralité des vignobles : le propriétaire
« y abandonne une récolte que la pourriture
« envahit avant qu'elle ne mûrisse.

« A Saint-Andéol, au lieu de soixante
« hectolitres par hectare, qu'on a récoltés
« l'an dernier, on n'en récoltera que dix, et
« pourtant l'Oïdium y a moins sévi qu'en
« 1852. La rive gauche de la Loire ne don-
« nera pas plus d'un quart de récolte. Tou-
« louse, les côtes du Rhône, Poitiers, ont à
« déplorer une réduction moins considé-
« rable dans leurs produits; ça été au point
« que, dans beaucoup de contrées, la ven-
« dange, qui durait quinze jours, trois se-
« maines, a été terminée en moins d'une
« semaine, et que les vignerons, espérant
« tirer le meilleur parti possible de ce que
« la maladie leur avait laissé, s'associaient
« ensemble, au nombre de quinze à vingt,

« pour pressurer en commun, et s'en divi-
« saient ensuite le rendement, en proportion
« de ce qu'ils avaient récolté.

« Ajoutons cependant que, dans la Moselle, « malgré l'envahissement de la maladie, la « maturité a marché avec ensemble et rapi- « dité, et que les résultats ont été assez satis- « faisants ; que la rive droite de la Loire « fournit des produits abondants et de qua- « lité passable ; que la Champagne et les « environs méridionaux de Paris ont été à « peu près exempts de la maladie, et, par « conséquent, des pertes qu'elle a fait subir « aux propriétaires et aux vignerons. »

Tel est le sombre tableau de la récolte des vins. Le journal dans lequel nous en avons trouvé ce résumé le fait suivre de ces réflexions :

« En résumé, la récolte de cette année « est perdue en majeure partie, soit en qua-

« lité, soit en quantité. Il importe que la « campagne prochaine ne donne pas des « résultats aussi désastreux que ceux qui « ont été constatés par tous les organes des « contrées viticoles.

« Une maladie, un fléau a produit ces « résultats ; il faut le prévenir si c'est pos- « sible, le combattre s'il se montre de nou- « veau, et en guérir les vignobles à quelque « prix que ce soit. Mieux vaudrait n'avoir « pas de vignes, si elles devaient occasionner « la ruine des propriétaires et des vignerons. « Mais à la grande quantité de remèdes et « de moyens curatifs que nous avons enre- « gistrés, on a pu voir que les esprits s'oc- « cupent activement de sa médication et de « son hygiène. Le remède, un remède ab- « solu est peut-être trouvé.... »

Nous osons l'affirmer aujourd'hui.

Quant à la cause de la maladie, déjà l'existence d'une plante parasite avait été mise en doute, avant que nous eussions démontré la véritable origine du mal.

On lit, en effet, dans le *Journal de l'Agriculture*, numéro du 7 juin 1853 :

« On avait cru remarquer dans les envi-
« rons de Beaune que les vignes étaient
« atteintes de l'Oïdium. Le comité d'agri-
« culture de la ville de Beaune s'est trans-
« porté sur les lieux, et a reconnu que cette
« maladie était complétement étrangère à
« l'état de souffrance dans lequel les vignes
« de ces contrées se trouvent aujourd'hui.
« Les symptômes de maladie que donnent
« les ceps sont-ils le résultat des phénomènes
« météorologiques qui se produisent en ce
« moment, ou sont-ils l'effet de la présence
« malfaisante d'un insecte? C'est ce qu'on
« n'a pu parfaitement établir. Nous appre-
« nons que la commission d'horticulture a

« dû prier M. le ministre d'envoyer, sur les « lieux, un inspecteur de l'agriculture ou un « naturaliste pour étudier le mal et tenter sa « guérison. »

Ainsi, dans le vignoble cité par le *Journal de l'Agriculture*, le mal n'est pas attribué à une plante parasite. Mais, à coup sûr, il ne vient pas non plus de la présence d'un insecte. La cause du mal est dans l'atmosphère : elle n'agit pas directement et extérieurement sur la plante, mais elle trouble la végétation, et les phénomènes apparents sont l'indice, l'effet et non la cause de ce désordre. Nous nous abstiendrons d'examiner les nouveaux moyens de guérison qui surgissent chaque jour, mais qui sont tous inventés dans des hypothèses que nous avons combattues.

Nous pensons, en effet, que l'idée d'attribuer à des insectes ou à des végétaux cryptogames ou autres les maladies qui frappent le règne animal ou les perturbations qui surviennent dans le règne végétal, n'est pas conforme aux données positives de la philosophie de la nature.

Le créateur n'a pas abandonné au hasard l'œuvre de ses mains; il en conserve, au contraire, toutes les parties, et il gouverne chacune d'elles selon des lois qui leur sont propres et qui les distinguent. Sa sagesse et sa providence ne permettent pas que le trouble et la confusion s'établissent au sein de son œuvre admirable. Or, ne serait-ce pas quelque chose de semblable si des animaux ou des plantes pouvaient se fixer, croître et se multiplier sur d'autres plantes vivantes et saines? Nous comprenons bien que ce phénomène se produise sur des plantes en décomposition; alors il est l'effet du mal. Mais nous ne pouvons admettre qu'il en soit la cause. Quel est l'homme qui, à la vue d'un tel spectacle, ne ressentirait pas une crainte secrète, comme si le gouvernement du monde était abandonné au hasard des causes secondes !

Ce que notre raison faible et obscurcie regarde comme un désordre n'en est pas moins gouverné par la puissance divine et soumis à des lois. Ces choses elles-mêmes ont, dans la pensée de Dieu, une cause et un but, et font partie de ses desseins.

Ainsi, les maladies de l'homme répondent à une loi morale que nous connaissons ; elles sont ordinairement individuelles, parce qu'elles entrent dans les décrets du créateur sur les destinées particulières des âmes. Mais il est évident que cette loi est, par sa nature même, étrangère aux plantes. Quand elles sont atteintes par l'action des causes extérieures et arrêtées dans leur développement, le travail seul, auquel l'homme a été condamné, peut les guérir.

L'idée qui consiste à chercher dans le trouble survenu dans le règne végétal quelque chose de semblable aux maladies dont l'homme peut être atteint est donc une idée fausse. Le mal, dans ces deux sphères, n'est pas soumis aux mêmes lois, et l'on ne peut conclure de l'une à l'autre.

Si l'agriculture avait suivi le progrès des autres sciences naturelles, elle ne serait pas tombée dans une erreur qui lui fait demander un remède impossible à une science qui n'existe pas. Jamais, en effet, depuis l'origine du monde, on n'a entendu parler d'un art ou d'une science qui ait pu, avec quelque fondement, être appelée médecine des plantes. Assurément, l'idée bizarre de traiter les végétaux comme on traite un homme malade accuse la faiblesse de la philosophie naturelle, cette science qui, appuyée sur les bases certaines de la religion, devrait être le lien de toutes les autres!

Les sciences physiques et mathématiques ont fait sans doute de grands progrès ; mais c'est dans l'ordre moral qu'il faut chercher le rapport qu'elles ont entre elles. Le lien de l'ordre moral et de l'ordre matériel a été méconnu. Dès lors, les sciences ont manqué d'unité et n'ont plus reconnu de limites. La philosophie a voulu toucher à ce qui est élevé au-dessus d'elle et raisonner naturellement sur des choses placées au delà de la nature. Les sciences naturelles ont voulu atteindre à des causes que la philosophie peut seule expliquer.

Il ne faut donc pas s'étonner qu'au milieu de cette confusion, l'agriculture, au lieu de revendiquer la maladie de la vigne comme une chose de son domaine, ait cherché en dehors d'elle le secours qu'elle possédait, négligeant ainsi les ressources dont elle dispose, et dans lesquelles se trouvait réellement le moyen de guérison.

Dans cet état d'incertitude, l'expérience, qui a toujours le dernier mot, puisqu'elle est la vérification de la théorie, acquiert plus d'importance encore. Elle est aujourd'hui le seul guide que nous puissions suivre au milieu de ce conflit de remèdes et d'hypothèses contradictoires. Qu'on nous suive donc sur ce terrain, et l'on ne tardera pas à être convaincu que la culture de la vigne, telle que nous l'avons pratiquée, et l'emploi des stimulants dont nous nous sommes servi, forment l'unique moyen d'éloigner d'elle le fléau qui l'a frappée.

FIN.

www.ingramcontent.com/pod-product-compliance
Ingram Content Group UK Ltd.
Pitfield, Milton Keynes, MK11 3LW, UK
UKHW020919180726
13838UKWH00002B/631

9 782329 428611